丽丽姐·LILIJIE

奇泥妙想
手工系列

会讲故事的手工书

"噜噜，
噜噜"发芽了

主编 温宁 王文杉

有趣的种植日记

山东科学技术出版社

丽丽姐

有话说：

　　本书是我社已出版的《奇泥妙想》系列图书第二套中的一种。《奇泥妙想——黏土手工乐园》初级篇、提高篇、高级篇三种图书，在问世后9个月便宣告售罄，这大大地鼓舞了我们更好地做好后面的黏土类手工书。尤其让丽丽姐高兴的是，原来很多不太了解黏土手工的朋友，通过阅读我们的图书，纷纷加入到手工制作的行列中来；还有的朋友通过收看丽丽姐在大V店的视频直播，也慢慢地喜欢上了黏土手工。在跟大家的交流互动中，丽丽姐收获了众多大朋友、小朋友无私的友谊。还有的是爸爸、妈妈、孩子齐上阵，这既提高了孩子的动手能力，又增进了亲子间的感情，这才是让丽丽姐最最高兴的事情！

《奇泥妙想——会讲故事
的手工书》同样是一套指导孩
子们做黏土的手工书，跟前三本不同的是，在讲解制作步骤之前，围
绕一个主题用简短的文字讲述一个美好的故事。用这种形式将多

数孩子会在生活中碰到的简单的、常见的问题呈现出来，希
望孩子能够在玩耍的同时知道应该养成什么样的生活习惯，
从而培养健康的人格。通过这样的形式，哪怕是对孩子健康快乐的成
长能够起到一丁点儿的作用，丽丽姐也是高兴的。

本书是此系列的"有趣的种植日记"篇，以身边的花园为背景，以培
养孩子学会观察、学会坚持的习惯为目的。同时教孩子轻松捏制花园里
的各种花草树木和各种小动物，如牵牛花、小蜜蜂等。

CONTENTS
目 录

PART. 3
花园里的精灵

色彩的混合

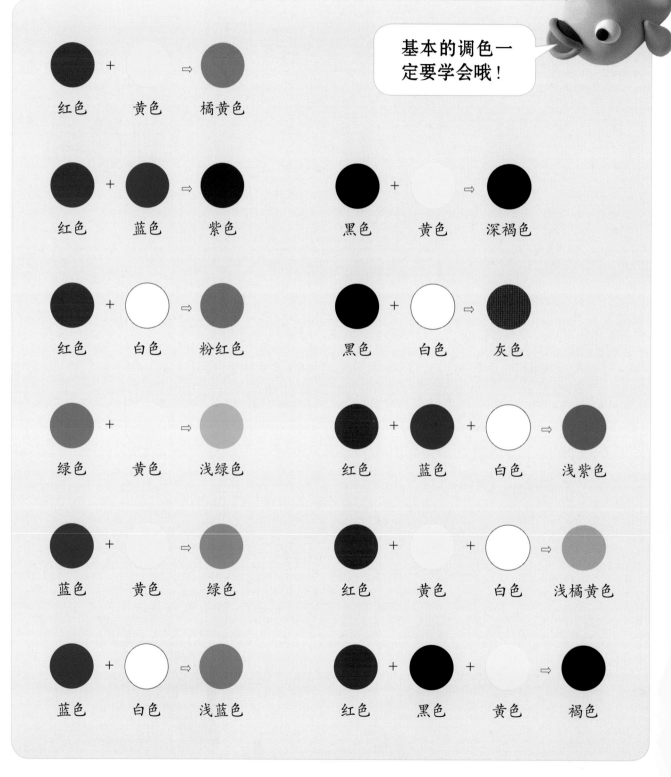

基本的调色一定要学会哦！

红色 + 黄色 ⇒ 橘黄色

红色 + 蓝色 ⇒ 紫色

黑色 + 黄色 ⇒ 深褐色

红色 + 白色 ⇒ 粉红色

黑色 + 白色 ⇒ 灰色

绿色 + 黄色 ⇒ 浅绿色

红色 + 蓝色 + 白色 ⇒ 浅紫色

蓝色 + 黄色 ⇒ 绿色

红色 + 黄色 + 白色 ⇒ 浅橘黄色

蓝色 + 白色 ⇒ 浅蓝色

红色 + 黑色 + 黄色 ⇒ 褐色

制作黏土的基本图形

球形

椭圆形

水滴形

圆柱形

漏斗形

正方形

饼形

三角形

橄榄形

长方形

心形

线形

麻花形

制作黏土的基本工具及辅料

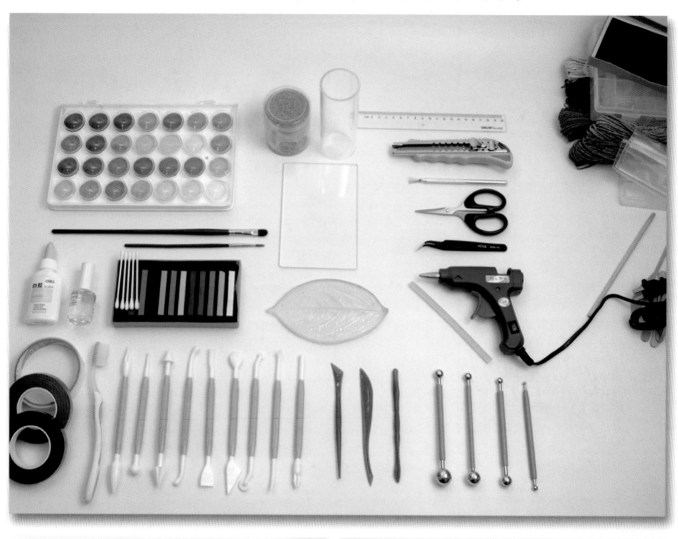

美拉拉家的后院有一个小花园，可她从来不去那儿。每次妈妈叫她去花园，她总是头也不抬地说："我才不去呢，还不如玩手机呢。"

这一天，美拉拉听见爸爸、妈妈在花园里笑得好开心啊。她悄悄地走过去，刚巧看到一只红色的小蜻蜓停在一朵白色的花上，"哇，好可爱啊！"

从此，美拉拉爱上了小花园，她经常和妈妈一起种花；帮爸爸修剪枝叶；细心地浇水；她还给小鸟搭了个窝，小花园慢慢变得更加美丽了。

　　从此她有了好多新朋友：小蜻蜓、小蜜蜂、小蚂蚁、小蜗牛，它们都在这里安了家。当她蹲下身子观察自己亲手种的那盆花时，惊喜地跳起来喊道："妈妈，妈妈，你快看！我的花'噜噜，噜噜'发芽啦！"

part 1

就是爱肉肉

虹之玉

1 团3个棕色泥球，准备3根花秆儿

2 用棕色泥球包裹花秆儿后，如图弯曲造型

3 做出枝秆儿的纹理

4 团若干个浅绿色大小不等的泥球

5 搓成胖水滴形

6 从枝秆儿顶端开始粘，先粘较小的

7 依序往下插空粘

8 再粘第二组

9 第二支变换结构组装

10 3支都粘好

11 用红色油彩刷在各水滴形的顶端

12 完成后的样子

静夜

 有话说：

多肉中的白富美，精致而紧凑的花型，如玉石一般的色泽，如果冻一般的质感，深受园艺家们的喜爱，唯一的遗憾就是夏季娇气了点。

1 准备1个浅绿色泥球及花秆儿

2 搓成水滴形

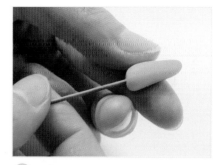

3 花秆儿插入水滴形

4 团1个同色泥球

5 搓成梭形

6 稍压扁些

7 将两头捏尖

8 捏出中线

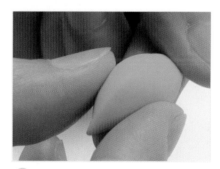

9 整理成形

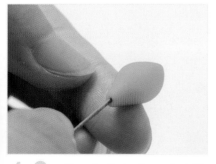

10 插入细花秆儿，用同样的方法多做几个

11 从小到大依次组装

12 用纸胶带固定花秆儿

13 团1个棕色泥球

14 用它包裹花秆儿

15 包好后的样子

16 压出纹理

17 准备红色油彩

18 从尖端刷起

19 再刷立体面

20 刷过后的样子

21 组合在盆中就完成了

熊童子

有话说：

　　"萌中之最"这个称号，熊童子当之无愧！浑身毛茸茸的，上方还有几个可爱的小红爪，看起来像极了刚出生的小熊，圆滚滚的，可爱极了。熊童子是个充满活力的植物，它喜欢温暖，喜欢阳光，只要你给它一抹阳光，它一定茁壮成长，绝不辜负你的爱。

1 团绿色、白色泥球各1个，白色泥球略大些

2 两泥球混合调成浅绿色，要调匀

3 搓成胖水滴形

4 整理成半圆球状

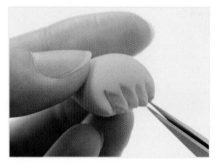

5 胖的一端用刀剪出锯齿状

6 准备1根搓好的花秆儿

7 插入没有锯齿的一端

8 取适量深红色油彩

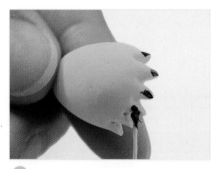

9 涂在锯齿状的尖端

10 取胶水和油画笔

11 薄薄地刷上一层胶水

12 准备一盒线粉和一个塑料袋

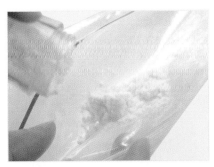

13 将线粉倒入塑料袋中

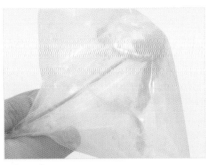

14 将做好的花秆伸入袋中后，并晃动，使线粉均匀地粘到表层上

15 如图所示

16 用同样的方法多做几支

17 两片相对，用纸胶带缠好，作为第一层

18 第二层呈"十"字形，插空组合

19 依次向下，组成1株

20 插入盆中，就完成了

碧光环

有话说:

　　碧光环有着可爱至极的外形，相信大多数女孩子都很喜欢。它长得很像小兔子的耳朵，因此，很多花友都愿意亲切地称呼它为小兔子。据说，它还可以很好的防辐射功能呢！

1 团1个草绿色泥球

2 搓成胖水滴形

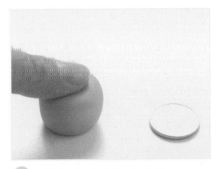

3 竖起来用手指压扁些

4 在上面割1个很深很宽的凹槽

5 团2个相同颜色的泥球

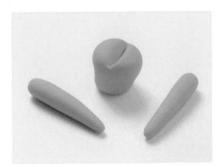

6 搓成长水滴形

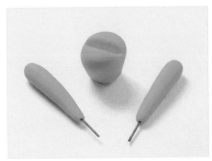

7 在细的一端插进1根很短的细花秆儿

8 团1个土黄色泥球

9 擀成薄长片

10 围绕草绿色泥球下端1周

11 细花秆儿插进凹槽

12 碧光环就完成了

part 2
我家后花园

蝴蝶兰

有话说：

看，是紫色的蝴蝶飞来了吗？
原来是美丽的蝴蝶兰！
蝴蝶兰花语：高洁，清雅，美丽夺目。
赶快为自己做一束美丽的蝴蝶兰吧！

1 团1个棕色泥球，准备1根细花秆儿

2 棕色泥边旋转边包裹花秆儿

3 整根包好的样子

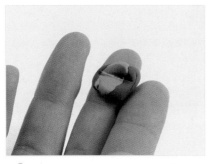

4 取一点儿棕色泥和绿色泥，但不要调匀

5 粘在花秆儿一端，并整理一下形状

6 将花秆儿随意弯曲，待干

7 团1个紫色泥球

8 压扁后在上面划出"T"字形

9 分成3个圆球

10 压扁，按上图的样子粘在一起

11 再团2个紫色泥球

12 搓成胖水滴形

13 压扁，做翼瓣

14 尖角相对，粘在大圆饼的中间位置

15 团2个较小的紫色泥球

16 搓成长水滴形

17 压扁

18 粘在一起，把中间收窄些

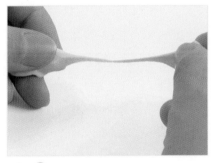

19 取一块黄色泥，左右拉开

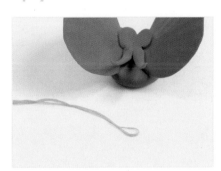

20 拉成很细的丝

21 用工具划在一起

22 粘到花蕊的位置

23 多做几朵组合到花秆儿上，蝴蝶兰就完成了

葱花

有话说：

　　我们都见过大葱吧，可是你留意过大葱的花吗？它就像一个个白色的绣球，圆滚滚、毛茸茸的。看，我们做得五颜六色的葱花是不是很漂亮啊？

1 团 1 个淡蓝色泥球

2 搓成胖水滴形

3 在粗头一端插入花秆儿

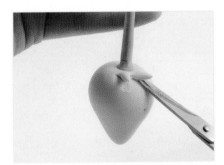

4 倒过来，剪出小齿

5 剪出第一圈小齿的样子

6 从第二圈开始插空剪

7 剪满花齿后出现花形

8 蘸一点蓝色油彩

9 从根部刷出渐变色

10 一支漂亮的葱花就完成了

青青荷叶

有话说：

荷叶用它墨绿色的身躯撑开大伞，为花朵遮风挡雨。像不像我们亲爱的爸爸、妈妈为亲人的无私奉献呢？

荷叶花语：默默供给，信仰贞洁。

1 团 1 大 1 小共 2 个深绿色泥球

2 大球压成椭圆形薄片，当作叶子

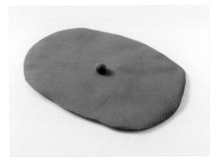

3 小圆球粘在叶子中心位置

4 划几道"人"字形叶脉

5 整理出波浪形

6 取 1 根细花秆儿，将一头弯出圆环。再团 1 个同色泥球

7 将泥球压到花秆儿顶部

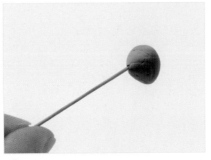

8 将圆环全部包裹起来

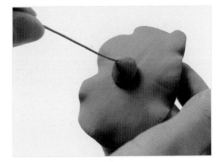

9 将叶片粘贴上

10 用深绿色泥包裹花秆儿

11 最后边沿整理得更自然些

12 完成后的样子

花苞

有话说：

看，含苞待放的花朵，像羞涩的少女默默无声又高贵从容。

愿我们的小伙们都似荷花般谦谦君子！

愿我们的姑娘们都似荷花般圣洁美丽！

1 团 1 个粉红色泥球

2 搓成胖水滴形

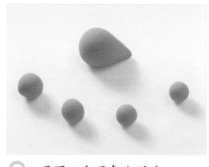

3 再团 4 个同色小泥球

4 搓成长水滴形

5 压扁，做成花瓣状

6 取 1 片花瓣粘到水滴形上

7 侧面看是这样的

8 粘第二片花瓣时要与第一瓣重叠 1/3，依次将 4 片花瓣都粘上

9 团同样大小的粉红色、绿色泥球各 1 个

10 混合起来

11 不要调得太匀，保持一定纹理

12 分成同样大小的 5 个球

13 搓成水滴形

14 压扁

15 粘到花苞底部，当作花萼

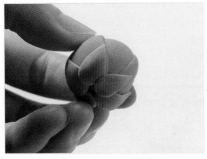

16 如图所示，将5片都粘好

17 插入花秆儿

18 用绿色泥将花秆儿包裹住

19 挑出花茎上的小刺

20 蘸取少量的红色油彩

21 刷在花苞的尖尖上

22 用另一支笔蘸取绿色油彩

23 刷在花萼上，要有渐变的效果

24 花秆儿上也有间隔地刷几个部位，使之出现立体效果

22

小荷

有话说：

中国人喜欢荷花源远流长，因为它"出污泥而不染"，它又像纯洁美丽的姑娘，静悄悄地开放，平静而又倔强地坚守着忠贞的爱情。

荷花花语：冰清玉洁，超凡脱俗。

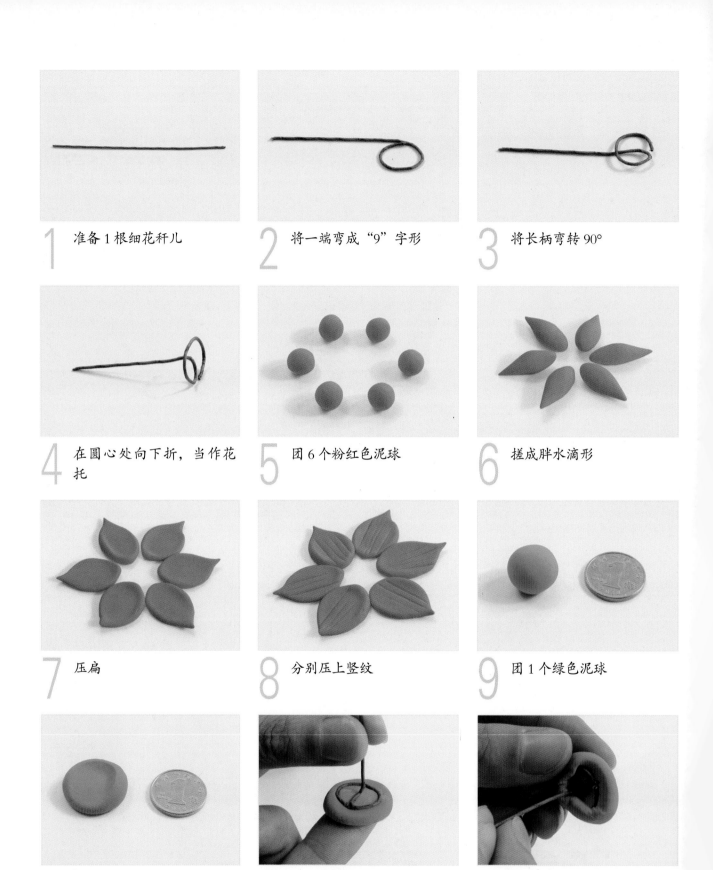

1 准备1根细花秆儿

2 将一端弯成"9"字形

3 将长柄弯转90°

4 在圆心处向下折,当作花托

5 团6个粉红色泥球

6 搓成胖水滴形

7 压扁

8 分别压上竖纹

9 团1个绿色泥球

10 压扁

11 粘在花托上

12 包裹起来

13　整理成锥形

14　扎上小洞，做成莲蓬状

15　粘上第一片花瓣

16　第二片与第一片重叠一部分

17　第三片压住第二片一部分

18　依次将6片粘好，为第一层

19　第二层要插空粘

20　取一团黄色泥

21　拉丝

22　取较细部分用工具堆到一起

23　粘在莲蓬周围，当作花蕊

24　搓几个嫩绿色小球，嵌入莲蓬孔中，当作莲子

25 每个莲蓬小洞中都要嵌入

26 团5个深绿色小泥球

27 搓成胖水滴形

28 按上图的样子粘在荷花底部，当作花萼

29 用深绿色泥包裹花秆儿

30 挑出荷梗上的刺

31 蘸取少量的红色油彩

32 从花瓣尖端刷至1/4处

33 这样就全部完成了

康乃馨

有话说：

　　康乃馨，又称为"母亲花"。美拉拉种了好多康乃馨，她多么爱她的妈妈呀！你也做一束美丽的花送给妈妈吧！

　　康乃馨花语：母亲，我爱你！温馨的祝福，宽容，思念。

1 团1个粉红色泥球

2 压扁

3 在边沿有间隔地划出花边

4 再用刀刃向外拉出丝

5 用棒形工具的圆杆擀出波浪边

6 再用剪刀剪开

7 分成4等份

8 做出几个风琴折

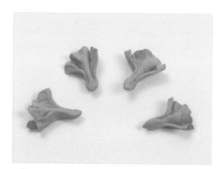

9 4个都折好

10 粘在花秆儿上

11 对面再粘一片

12 另外2片也按相对的位置粘上，一层粘好了

13 用同样的方法继续粘第二层

14 收拢花形

15 将多余的部分剪掉

16 第三层花瓣不再折叠

17 直接粘在最外圈

18 团1个绿色泥球

19 搓成胖水滴形

20 将细的一头在2/5处剪开成2瓣

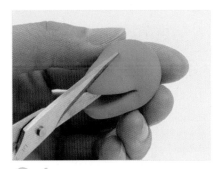

21 将小瓣剪成2份

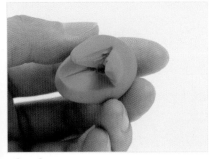

22 大瓣剪成3份

23 共剪成5等份

24 用工具向外擀成花形，在中间扎1个洞

25 将花秆儿穿入并粘牢

26 划出花蔓纹络

27 倒过来剪出花萼

28 团 4 个绿色泥球

29 搓成长水滴形

30 压扁，然后划出几道纹

31 把叶子粘到花秆儿上

32 在相对位置再粘 1 片叶子

33 按"十"字对生的方式共粘 2 对叶子

34 蘸取红色油彩

35 刷到花瓣的顶端

36 完成后的样子是这样的

有话说：

　　铃兰是北欧人传说中日出女神之花，人们将它献给美丽的日出女神；每年的五月，法国有一个浪漫的铃兰节，这时，人们相互赠送铃兰花，祈求幸福和吉祥降临。

　　铃兰花语：纯洁,幸福永驻。

铃兰

1 准备若干根细花秆儿，包上浅绿色泥

2 团 5 个大小不等的白色泥球

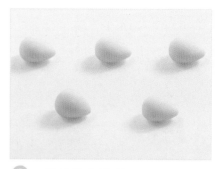

3 搓成胖水滴形

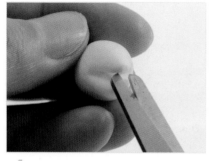

4 在细的一端 2/5 处剪开

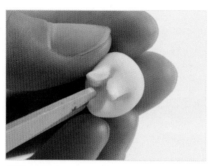

5 再将剩下的 3/5 剪成 3 份，边剪边挑开

6 分成 5 等份

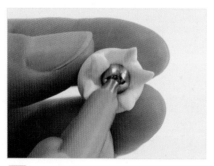

7 用丸棒做成中凹状

8 收口

9 从底端穿入花秆儿

10 团 1 个黄色小泥球

11 粘在花心位置

12 在花朵上压出竖纹

13 压出的花纹如图所示

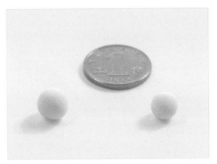

14 团2个小白泥球

15 搓成胖水滴形

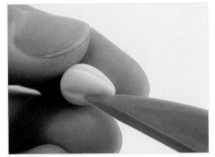

16 压上竖纹

17 穿入花秆儿，呈花骨朵形

18 用同样的方法多做几支花朵、花骨朵

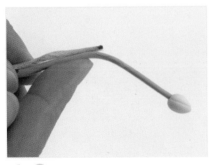

19 取1根新的花秆儿进行组合，将花秆儿稍弯一下

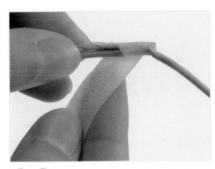

20 用浅绿色胶带缠在花秆儿上

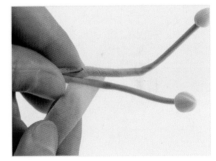

21 在相对的方向再缠上一支

22 依次组合

23 整理花枝方向

24 组合好的样子是这样的

25 准备若干个深浅不同的
绿色泥球

26 搓成长水滴形

27 压扁

28 在上面划割出叶脉

29 用手整理出波浪形

30 将铁丝嵌入最中间的一
道压痕

31 从叶子背面捏合，使前
面看不到铁丝

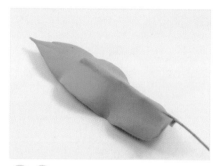

32 叶子背面的样子

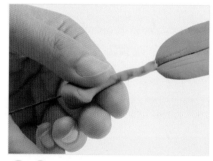

33 取相同颜色的泥，用旋
转的方式包裹住铁丝

34 3片叶子都做好

35 组合在花秆儿上就完成
了

马蹄莲

有话说：

　　马蹄莲不仅外表尊贵、纯洁，它还有药用价值呢。它具有清热、解毒的功效。将块茎捣烂外敷可以治疗烫伤和预防破伤风。

　　但是，马蹄莲有毒，千万不可口服！

　　马蹄莲花语：圣洁虔诚，优雅高贵，春风得意。

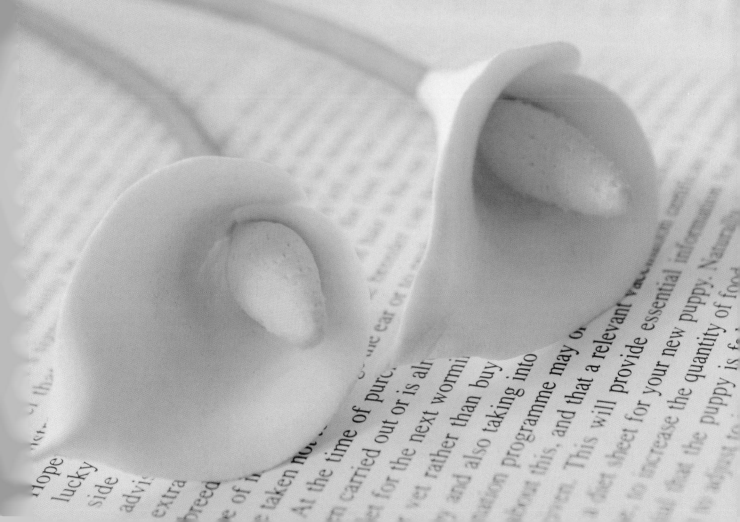

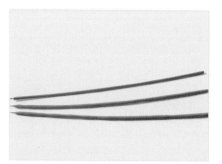

1 准备几根细花秆儿，包上绿色泥

2 团1个黄色泥球

3 搓成水滴形

4 将花秆儿插入水滴的圆头，当作花蕊

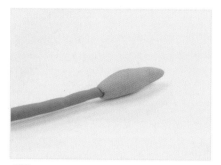

5 整理形状，将插入的位置捏紧

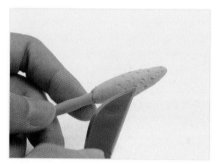

6 用刀尖挑满小刺

7 团1个白色泥球

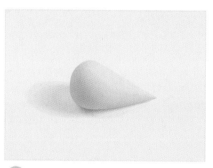

8 搓成水滴形

9 压扁

10 将底端的圆弧割下

11 花蕊放在花瓣正中间位置

12 先包裹住一侧

13　再包裹另一侧

14　捏住背面多余的白色泥

15　剪掉

16　抹平刀痕，整理好形状

17　将花瓣的尖头轻轻外翻，整理花形

18　刮取适量黄色粉末

19　从靠近花心的位置由内向外刷出渐变效果

20　刮取适量绿色粉末

21　将花瓣的尖端刷成绿色

19　一朵漂亮的马蹄莲就做好了

20　做几支铃兰样的叶子

21　组合起来就完成了

牡丹

有话说：

　　牡丹是我国特有的名贵花卉，素有"国色天香""花中之王"的美称，一直被国人视为富贵吉祥、繁荣兴旺的象征，以洛阳、菏泽牡丹最为盛名。牡丹不仅有观赏价值，并且还有非常高的药用价值呢！

1 团 1 个草绿色泥球

2 搓成胖水滴形

3 在细的一端扎 1 个小洞

4 向外拉出尖

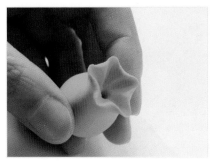

5 依次拉出 5 个尖，呈现出星形

6 将星形的根部向中间收拢

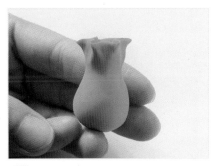

7 从侧面看的样子

8 准备一把花心

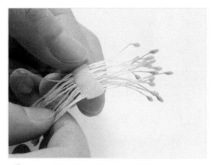

9 用少许黄色泥从中间包住

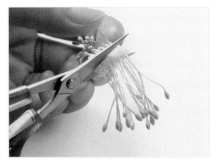

10 在包裹黄色泥的位置剪开

11 形成两簇花心

12 粘在星形外面 1 周

39

13　整个花心完成

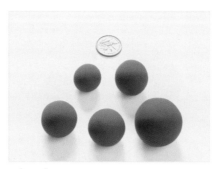

14　团若干个大小不同的紫色泥球

15　搓成胖水滴形

16　压扁

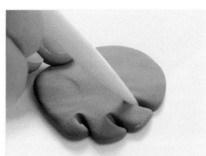

17　将圆的一边割几道豁口

18　每1片都做成上图的样子

19　用工具擀出波浪形

20　将花瓣放到手心，压出凹槽

21　侧面看是这样的

22　做出足够多的花瓣

23　先将小花瓣粘在靠近花心的位置

24　粘满1周后是这样的

25 依次贴上较大的花瓣，越往外粘，花瓣越大

26 最外面一层，张开的要多一些，做出绽放的效果

27 还可以做出其他颜色的花朵

28 团5个绿色小泥球

29 搓成水滴形

30 压扁

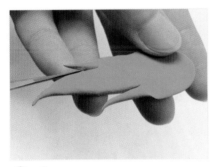

31 在尖头的两侧剪出分叉

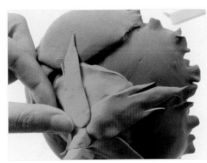

32 依次粘在花朵背面，当作花萼，同时穿入花秆儿

33 做好后是这样的

34 团1个绿色泥球

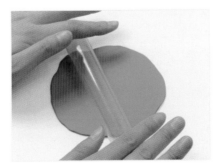

35 擀成饼形

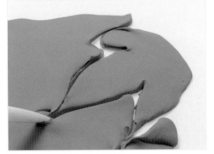

36 用工具割出叶子的形状

37 放在叶模上压一下

38 将叶边擀薄

39 整出波浪形

40 中间夹上细铁丝

41 稍做调整

42 用同样的方法做出若干个叶片

43 用纸胶带将叶片组合在一起

44 依次用棕色纸胶带将叶片组合到花秆儿上面

45 完成后的样子

有话说：

玫瑰花在古希腊神话中集"爱"与"美"于一身，它既是美神的化身，又融合了爱神的血液，所以玫瑰花代表着美好和挚爱。不同颜色、不同数量的玫瑰还有不同的寓意呢。

玫瑰花花语：我爱你，热情，感动。

玫瑰

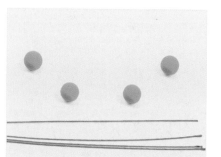

1 团几个绿色泥球并准备同数量的细花秆儿

2 将泥球由上而下旋转包裹花秆儿

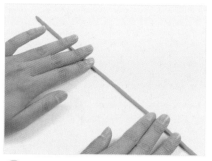

3 将表面搓光滑

4 团1个大红色泥球

5 搓成水滴形

6 将水滴的圆头穿进花秆儿

7 再团1个红色泥球

8 搓成胖水滴形

9 压扁，用手指向左右抹薄

10 呈扇形，当作花瓣

11 将花瓣尖头向下，在高出花心一点儿的位置粘住

12 包裹起来

13 花秆儿的位置也要包裹，整理形状

14 再做第二片花瓣

15 在第一片花瓣的接缝处粘贴好

16 同样包裹住花秆儿位置，整理形状

17 第三片花瓣粘贴在第二片花瓣的接缝处

18 大拇指、食指呈"U"形，把花瓣整理成卷边状

19 使之呈现自然卷曲的外沿

20 对着接缝，继续增加花瓣

21 整理花朵下端

22 整理花瓣

23 直到花朵看起来饱满为止

24 团5个绿色小泥球

25 搓成长水滴形

26 用大拇指和食指稍捏扁

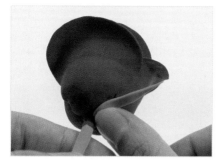

27 粘在花朵底端当作花萼

28 将粘合处抹光滑

29 做出如图所示的样子

30 团 3 个不同大小的绿泥球

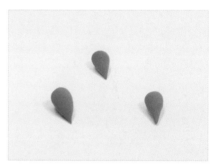

31 搓成水滴形

32 压扁

33 割出叶脉,当作叶子

34 所有叶片都做好

35 依次粘到花秆儿上

36 完成后的样子

牵牛花

有话说：

　　牵牛花有许多名字，如黑丑、白丑、喇叭花、朝颜花。

　　因为花的样子像喇叭，故名喇叭花；因为它总是在清晨开花，所以叫朝颜花；因为它是传说中的一个牧童牵着牛找到的，并用它医治好村民的病，所以叫牵牛花。瞧，牵牛花名字的由来是不是很有趣啊！

1 用前面教的方法包好若干根细花秆儿，待用

2 用一小块绿色泥将3根花心粘在一起

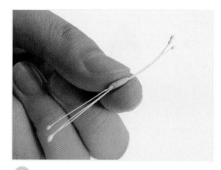

3 粘牢固

4 从中间剪开

5 分成两半

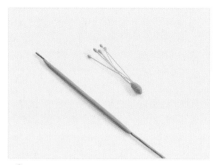

6 粘合成1束花心

7 粘在花秆儿顶端，用同样的方法多做几支

8 团2个浅绿色泥球

9 搓成水滴形

10 将其中1个在细的一头剪开

11 剪成5等份

12 将这5份捏在一起旋转

13 穿入花秆儿

14 团 5 个颜色略深些的绿色泥球

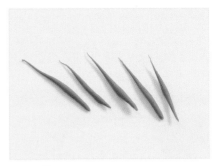

15 搓成很尖细的水滴形

16 粘在花苞下方，作为花萼片

17 搓 1 个浅绿色胖水滴形泥球

18 用尖头工具在粗的一端扎 1 个洞

19 将工具不断晃动，使洞口不断扩大

20 将边沿擀薄些

21 将做好的花心穿入，粘好

22 整理花形

23 团 5 个同样大小的绿色泥球

24 搓成尖水滴形

25 用同样方法包上花萼，这样三分开的花就完成了

26 团1个浅粉红色泥球

27 搓成胖水滴形

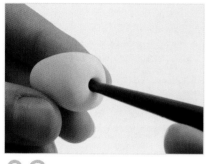

28 用同样的方法在胖的一端扎个洞

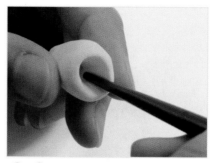

29 慢慢把洞口扩大

30 擀薄边沿

31 将花的底端穿透

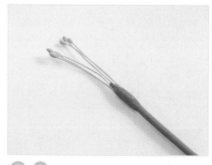

32 取1支带花心的花秆儿

33 穿入花朵的小洞，粘好

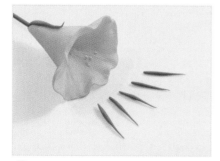

34 用同样的方法再做5个叶片

35 粘在花的底部，当作花萼

36 团1个绿色泥球

37 压扁

38 划出1个"T"字形

39 分成3份，团成圆球

40 搓成水滴形

41 组合起来，压扁

42 放在叶模上压出叶脉

43 在中间位置中埋入一根花秆儿

44 收紧叶缝

45 使正面看不到铁丝

46 用绿色纸胶带将花苞缠起来

47 依次将半开、全开的花和叶子组合起来就完成了

水仙

有话说：

　　清香淡雅的水仙，以其绿裙、白冠、青带的外形，向我们展现了何为超凡脱俗，宛若一位凌波仙子步履轻盈地踏水而来。

　　水仙花语：自尊，自信，还有点儿自恋。

1 用前面教的方法包好若干根细花秆儿，待用

2 准备若干个花心和一小块黄色泥

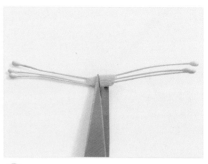

3 将花心整理齐后用泥粘住中间，剪开

4 将带亮片的一根花心也粘进去

5 团1个黄色泥球

6 搓成胖水滴形

7 在胖的一头扎个洞

8 用工具将洞口慢慢扩大

9 将边沿擀薄

10 将底部穿透

11 穿入1根花秆儿

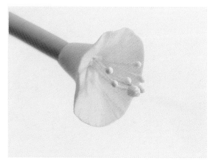

12 粘上花心

13　团6个白色泥球

14　搓成胖水滴形

15　压扁

16　压上2道竖纹

17　6个花瓣都做好

18　粘上第一片花瓣

19　粘第二片时与第一片重叠一部分

20　第三片与第二片也重叠一部分

21　第二层花瓣要插空粘

22　将6片花瓣分2层粘好

23　团1个浅绿色泥球

24　搓成圆柱形

25 压扁后随意压上竖纹

26 围粘到花秆儿的 1/3 处

27 准备橙色油彩

28 刷在花心的边沿

29 团几个深浅不同、大小不一的绿色泥球

30 搓成纺锤形

31 压扁后划上竖纹叶脉

32 在中间的叶脉中压进细铁丝

33 收紧叶缝

34 使正面看不到铁丝

35 3 片都做好

36 完成后的样子

百合

有话说：

百合，顾名思义，是百年好合的意思；在西方国家，百合花是为了纪念圣母玛利亚，象征国家民族的独立和经济的繁荣。

百合花花语：纯洁、高贵、百年好合。

1 用前面教的方法包好若干根细花秆儿，待用

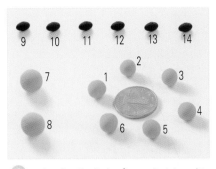

2 按上图的颜色、比例、数量准备好泥球

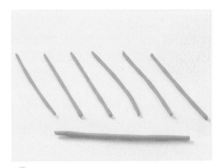

3 将1~7号球搓成线形

4 8号球粘在7号线泥的一端

5 压出3条竖纹

6 9~14号棕色小球对应1~6号线泥粘在一端

7 做出7条花心

8 组合到一起

9 粘在花秆儿上

10 团6个白色泥球

11 搓成梭形

12 压扁

13　压上竖条纹

14　将边沿擀出波浪形

15　6个花瓣全做好

16　粘上第一片花瓣

17　粘第二片时与第一片重叠一部分

18　用同样方法粘第三片花瓣

19　粘上第四片花瓣

20　第一层就粘好了

21　再粘第二层

22　团1个白色泥球，再做花苞

23　搓成水滴形

24　捏出棱角

25 做好后为三棱形

26 团6个绿色泥球

27 搓成细线形

28 在每条棱上粘1根

29 在平面的位置压上竖条纹

30 也贴上1根细线泥

31 这样6条细线泥就全粘上了

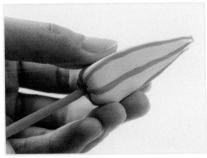

32 取1根花秆儿从粗的一端穿入

33 团几个不同大小的绿色泥球

34 搓成纺锤形

35 压扁

36 割出叶脉

37 在中间的叶脉埋进1根细花秆儿

38 收紧叶缝

39 用同色泥将花秆儿包裹起来

40 叶子完成后的样子

41 蘸一点儿绿色油彩

42 从花心开始由内向外给花朵上色

43 由下向上给花苞上色

44 完成后的花朵

45 组合起来就完成了

向日葵

向日葵，也叫向阳花。

传说一位美丽的仙女疯狂地爱上了太阳神阿波罗，可是阿波罗却正眼也不瞧她一下。她每天只能仰望着阿波罗驾着金碧辉煌的日车划过天际，后来她变成了一朵金黄色的向日葵永远朝向着太阳的方向。

向日葵花语：沉默的爱。

1 准备1根细花秆儿,包好绿泥后弯成"9"字形,待用

2 团1个大的棕色泥球

3 压扁

4 将花秆儿的"9"字包起来,中间做出凹槽

5 背面如图所示

6 由凹槽四周向中心点划出密密的竖纹

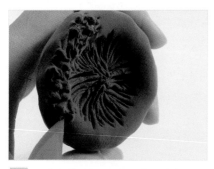

7 将突起的四周挑出毛刺

8 挑满1周

9 团若干个黄色泥球

10 搓成纺锤形

11 压扁,压出竖纹

12 将边沿擀成波浪形

13 用相同方法将所有花瓣做好

14 取 1 片花瓣，粘上

15 背面是这样的

16 先按"十"字形粘上 4 片花瓣

17 再插空粘上 4 片花瓣

18 第一层粘满后开始粘第二层

19 插空粘满 1 周

20 团若干个绿色泥球

21 搓成纺锤形

22 压扁

23 先用擀棒从右边擀至中线

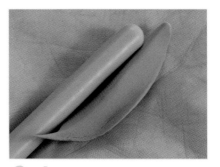

24 再从左边擀至中线

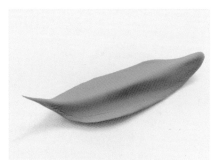

25 做成有背脊的叶片

26 所有叶片都做好

27 将花倒置，先粘第1层叶片

28 粘满第一层后插空粘第二层，花萼就做好了

29 用同色的绿泥包裹花秆儿

30 割出竖纹

31 粘好后，准备给花头上色

32 蘸一点深棕色油彩，刷在花心位置

33 用黄色、白色油彩零星点缀在毛刺上

34 花瓣根部用橙色油彩刷出渐变色

35 花头完成后的样子

36 团五六个深浅不同、大小不一的绿色泥球

37 搓成水滴形后压扁

38 放在叶模上压出叶脉

39 将1根细花秆儿埋进叶片中间位置

40 收紧叶缝

41 使正面看不到花秆儿

42 将叶片的边沿调整的自然些

43 调整好的样子

44 用相同颜色的泥将铁丝包起来

45 用工具在交接处压出"U"形凹槽

46 将叶子全部做好

47 组合起来，插在花瓶中

绣球花

有话说：

　　当粉红色和白色相间的绣球花在地中海区域的严冬时节绽放之时，它是要告诉人们，大地即将解冻，春天就要来了。绣球花以其极强的忍耐力给我们带来新的希望。

　　绣球花花语：希望，美满，团聚，忠贞，永恒。

1 准备若干个浅绿泥球和剪短的细花秆儿

2 每根花秆儿上插1个小泥球，剪出"十"字痕，当作花心

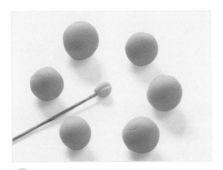

3 团6个浅粉色小泥球

4 搓成胖水滴形

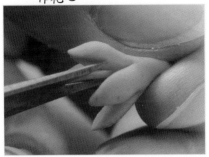

5 将粗的一端剪成4等份

6 将叶瓣压薄，呈花形

7 将花心从花朵中间穿入

8 收紧底端花朵就做好了，用同样的方法多做几朵

9 团浅粉色水滴形泥，准备长花梗秆儿若干根

10 用做花心的方法做花骨朵

11 做若干个绿色花骨朵，用纸胶带缠在一起

12 再与做好的花缠起来，就完成了

薰衣草

有话说：

　　法国南部小镇普罗旺斯，因盛产薰衣草而出名。很多人慕名前去，只是为了看看这传说中的薰衣草。虽以草为名，实际上是一种紫蓝色的小花，紫色总是能让人联想到浪漫和高贵。

　　薰衣草花语：等待爱情，心心相印和浪漫。"

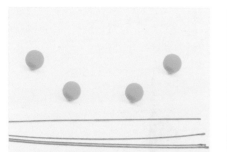

1 团几个绿色泥球并准备同数量的细花秆儿

2 将泥球由上而下旋转包裹花秆儿

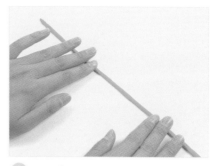

3 将表面搓光滑

4 团不同深度的紫色球3个

5 每个球分成8等份

6 搓成水滴形

7 在粗的一端压出"十"字痕

8 每个都按同样方法做好花瓣，备用

9 在花秆儿的顶部粘上深色花瓣

10 依次向下粘颜色略浅些的花瓣

11 越向下花瓣颜色越浅

12 直到将所有花瓣都粘上就完成了

郁金香

有话说：

　　郁金香，被誉为爱的化身。在古代欧洲，只有贵族、社会名流才有资格种植郁金香。

　　郁金香花语：博爱，体贴，高雅，富贵，聪颖，能干。

1 团 4 个橙色泥球，搓 1 根绿泥的花梗

2 将橙色泥球搓成水滴形

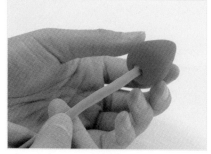

3 将 1 个水滴形的粗头插在花秆儿上

4 其他 3 个水滴形泥压成片

5 在中间压 2 道竖纹，当作叶脉

6 用工具将边沿擀成波浪形

7 顺着叶脉方向压出一道凹槽，3 片花瓣都做好

8 将花瓣粘到花秆儿上

9 粘第二片花瓣时要压着第一片花瓣的边

10 整理好花秆儿处的接缝，再粘第三片

11 依次将 3 片花瓣都粘好

12 整理好形状就完成了

丁香

有话说：

　　每朵丁香花只有 4
片花瓣。传说紫丁香树上
偶尔会长出一朵有 5 片花瓣的紫丁香
花。当两个相爱的人一起摘下这朵五瓣花，
他们彼此的爱将永远不会改变，于是，
很多相爱的人都会去寻找它，寓意追求永
恒的爱。

　　丁香花语：初恋，羞怯，
美丽，爱情的萌芽。

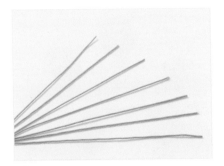

1 准备若干根细花秆儿

2 团深紫、浅紫色泥球若干个

3 搓成胖水滴形

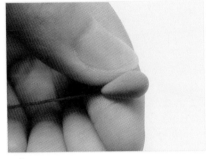

4 将花秆儿从水滴的细头穿入

5 粗头一端剪出"十"字花印迹

6 这就是花骨朵,多做几个

7 用少许绿色泥粘在接缝处,当作花萼

8 用同样方法做出若干个花萼

9 取1个胖水滴形泥,从粗的一头剪开

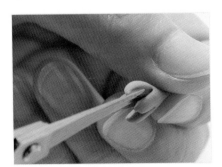

10 剪成4等份

11 用工具把花瓣擀开

12 整理好花瓣的形状

73

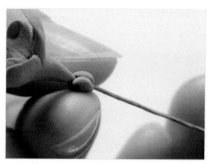

13 取少许绿色泥，粘在接缝处

14 做花萼，这是已开的花

15 团若干个大小不同、深浅不一的绿色泥球

16 搓成水滴形

17 压扁

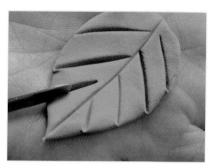

18 压上叶脉

19 在中间位置埋入细花秆儿

20 叶子就做好了

21 先用纸胶带将花骨朵缠在另1根花秆儿上

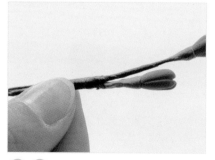

22 依次缠进新的花骨朵和花朵

23 分别组成几束花枝

24 再组合进几片叶子，就可以插瓶了

part 3

花园里的精灵

簸箕

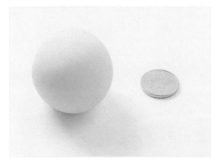

1 团 1 个白色泥球

2 压成圆饼形

3 将 3 个边捏起

4 剪掉圆弧部分

5 剪掉多余的边角

6 剪好后的样子

7 将剪下的泥合起来搓成线形，压扁，分成 2 段

8 长的一段左右粘上

9 短的一段呈"T"字形粘上

10 蘸取银色油彩，刷 2 遍

11 簸箕就完成了

铁皮桶

有话说：

　　瞧，这个小铁皮桶是不是很有些"眼熟"呢？你也动手做一只吧！这样，小铲子、小耙子就不会到处乱放了。

　　小桶能容水，可纳物，随时可清空，用处真得不小呢！

1 准备 1 个纸杯

2 将下方 2/3 的位置刷上 2 层白色油漆

3 干后剪掉上端的 1/3

4 剪好是这样的

5 靠近杯口的位置，在相对的方向扎 2 个小孔

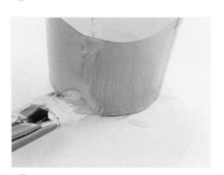

6 蘸银色油彩刷 2 遍

7 将一段细铁丝弯成上图的样子，当作提梁

8 将铁丝两头穿过上边的孔，并各弯 1 个环

9 纸杯里面也刷上 2 遍白色油漆

10 最后在桶的外面画上自己喜欢的图案就完成了

小锄头

有话说：

"锄禾日当午，汗滴禾下土"，我就是传说中的小锄头，虽然我其貌不扬，但我有实干精神，花园里的活，我也绝不含糊！

1 团黑色和棕色泥球各1个，用花秆儿弯1个钩

2 用黑色泥从钩子的一端开始包，不用全包上

3 棕色泥包在钩子直的一端，当作锄把

4 包好的样子

5 团黑色和灰色泥球各1个

6 黑色球搓成水滴形，灰色球搓成长圆柱形

7 压扁

8 将黑泥饼切掉1/5

9 灰色泥饼粘在切口位置

10 用手整理出铲子的形状

11 粘在钩子前面就完成了

小铲子

有话说：

　　我是园丁最忠诚的"小帮手"，也是小朋友们最喜欢用的工具之一。花园里的工作，栽种、施肥、培土等，都少不了我呢！

1 团1个棕色泥球，准备1根细花秆儿

2 用棕色泥将花秆儿包住，不要包到头，当作把手

3 团1个黑色泥球

4 搓成胖水滴形

5 压扁，使中间向下凹

6 用工具在反面圆边的中间压1道凹槽

7 把露出花秆儿的一头插进凹槽

8 粘好是这样的

9 蘸取少量银色油彩，刷在铲子前端及两边

10 完成后的样子

老笤帚

有话说：

清前庭，
扫后院。
干干净净，
过日子。
你的心里是否也有把老笤帚？

1 团2个棕色泥球

2 压扁

3 分别整理成三角形，当作笤帚头

4 团1个同色泥球，准备1根花秆儿

5 用棕色泥包住花秆儿

6 搓匀后用手捏出竹节状

7 在每节上压出竖纹，当作笤帚的把

8 将把的一头粘在笤帚头的尖头上

9 再将另一个三角形对齐盖在上面粘住

10 将粘口位置捏紧一点，并整理一下形状

11 将笤帚的头剪成条条的样子

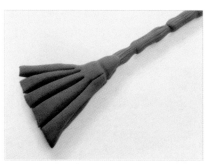

12 剪成4~5条就可以

85

13 再用刀子在上面压出笤帚毛的样子

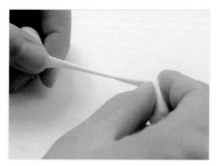

14 取一块白色泥拉成丝状

15 缠绕在把上的竹节位置

16 每个竹节都要缠上

17 将白线泥横着搭在笤帚毛上，有间隔地压一下

18 用同样方法再压第二层，两个面都要压上

19 蘸一点深棕色油彩

20 将笤帚毛自下向上刷，刷到接近白色泥的位置

21 再蘸一点黑色油彩

22 刷在笤帚头靠近底端的位置

23 这样就完成了

小刺猬

有话说：

　　刺猬是一种对人类有益的动物。它能捕食老鼠。我们要爱护它哦！

1 团1个大些的棕色泥球和2个小点儿的肉色泥球

2 将1个肉色泥球搓成圆柱形，另外2个搓成胖水滴形

3 将两个水滴形泥球按照上图的样子粘在一起

4 将圆柱形泥压扁

5 粘在棕色泥上，当做肚皮

6 在脖子位置剪出1圈毛刺

7 从第二圈开始插空剪，将背部剪满

8 团1大2小共3个黑色小泥球

9 大泥球粘在鼻头位置，小泥球粘在眼睛位置

10 在鼻子下方割出嘴巴

11 团2个红色泥球和2条绿色的细线形泥

12 组合成樱桃粘在小刺猬的背上就完成了

小白兔

有话说：

小白兔，白又白，两只耳朵竖起来，爱吃萝卜和青菜，蹦蹦跳跳真可爱！赶紧动手，和我一起来做一只可爱的小白兔吧！

1 团 1 大 2 小共 3 个白色泥球

2 将 2 个白色小泥球搓成水滴形

3 压扁，当作小白兔的胡须

4 剪出胡须的样子

5 2 个都做好，粘在大的白泥球偏下位置

6 再团 2 个白色泥球

7 粘在胡须中间位置

8 用工具在上面扎满小眼

9 团 1 大 1 小共 2 个粉红色小泥球

10 小的粘在鼻子的位置

11 用工具在大的泥球上压个凹槽

12 大的粘在两个白球的下方中间位置

13　当作舌头

14　团2个红色泥球

15　压扁，粘在眼睛的位置

16　团2个很小的白色泥球，粘在红色眼球上

17　团2个较大白色泥球和2个较小粉红色泥球

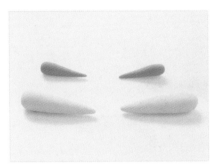

18　搓成长水滴形

19　压扁，组合成2只耳朵

20　将耳朵粘在头部

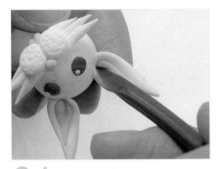

21　压出耳窝

22　团1大4小共5个白色泥球

23　分别搓成胖水滴形和长水滴形，当作身体和四肢

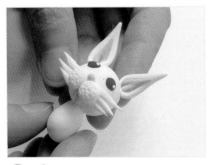

24　将胖水滴粘在兔子头的下面，当作身子

25 取2个长水滴分别粘在腿的位置

26 团1个橙色泥球，我们来做胡萝卜

27 将橙色泥球搓成长胖水滴形，取1块绿色泥拉丝，当作胡萝卜的叶子

28 将拉丝细的部分选出来，划成团

29 粘在胡萝卜粗的一端

30 将胡萝卜粘在小白兔的胸前

31 取1个水滴形泥粘在胳膊的位置

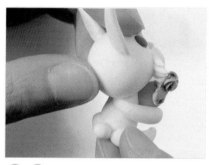

32 调整胳膊与腿的位置

33 用同样方法，粘上另一边的胳膊

34 小白兔就结结实实地把萝卜抱到怀里啦！

小松鼠

有话说：

    松鼠喜欢单独在树洞中居住，有的也在树上搭窝。白天善于在树上攀登、跳跃，蓬松的大尾巴起着平衡的作用。秋天觅得食物后，会利用树洞或在地上挖洞储存果实等食物，同时以泥土或落叶堵住洞口。还真是会过日子的小松鼠呢。

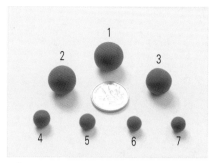

1 按上图的比例、数量准备好土黄色泥球

2 按上图的形状搓好泥球

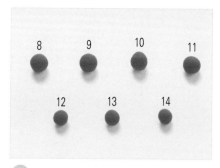

3 团4大3小共7个橘黄色泥球

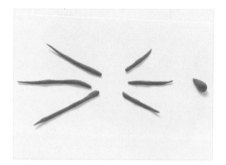

4 将8~13号泥球搓成线形，14号泥球搓成水滴形

5 14号泥球压扁粘在3号水滴上，当作松鼠的头

6 12~14号线形泥粘在2号水滴上，当作身子

7 将头和身子组合起来

8 将8~10号线形泥按上图的样子粘在1号泥上，当作尾巴

9 将尾巴粘好

10 4~5号水滴形泥做成上图的样子

11 分别粘在腿的位置

12 团2个土黄色小泥球

13 搓成胖水滴形

14 压扁

15 粘在耳朵的位置，压出耳窝

16 团1个黑色小泥球

17 粘在鼻子的位置

18 团2个黑色小泥球

19 粘在眼睛的位置

20 剪出嘴巴

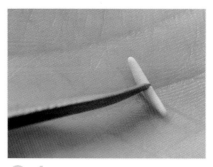

21 取1块白色泥搓成线形

22 对折一下，粘在嘴巴里

23 剪掉一半

24 牙齿就做好了

25 团2个白色小泥球，粘上做眼球

26 团橘黄色、棕色泥球各1个

27 将橘黄色泥搓成圆柱形，棕色泥压扁

28 将圆柱形的一端捏出尖

29 在棕色泥饼的边沿割出4个缺口

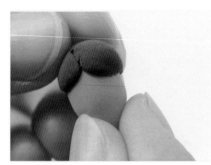

30 包住橘黄色泥的圆头

31 取1块棕色泥搓成线形

32 粘在棕色泥中间

33 在棕色泥上扎满小眼，松果就做好了

34 将6~7号水滴粘在胳膊的位置，抱住松果

35 压出手指

36 这样可爱的小松鼠就做好了

图书在版编目（CIP）数据

"嘟嘟，嘟嘟"发芽了/温宁，王文杉主编 . —济
南：山东科学技术出版社，2017.5

　　ISBN 978-7-5331-8697-5

　　Ⅰ.①嘟…　Ⅱ.①温…　②王…　Ⅲ.①黏土－手工艺
品－制作－儿童读物　Ⅳ.①TS973.5-49

　　中国版本图书馆CIP数据核字（2017）第016959号

丛书策划： 王丽丽	**版式设计：** 万宏伟　赵璟玉　寇丽丽
特约顾问： 刘艳华	**彩页制作：** 李丽华　赵　悦　张　旭
主　　编： 温　宁　王文杉	刘玉华　张晓娜　时　顺
摄　　影： 孙　健	周会丽　石伟强　亓文静
彩泥制作： 刘　香　雷　晟　刘　峰	郑　红　张俊英　蒲爱萍
刘小萌　吴春达	**图片调整：** 邢立华　王宝奎　郭　倩
特约编辑： 吴英华	曹　波　高欣欣　郑钰婷
封面设计： 胡大伟	殷晓冬　郝　清　谢志峰
责任编辑： 王丽丽	

奇泥妙想　黏土手工乐园　高级篇

主管单位：山东出版传媒股份有限公司	印刷者：山东新华印务有限责任公司
出版者：山东科学技术出版社	地址：济南市世纪大道2366号
地址：济南市玉函路16号	邮编：250104　电话：（0531）82079112
邮编：250002　电话：（0531）82098088	开本：889mm×1194mm　1/16
网址：www.lkj.com.cn	印张：7
电子邮件：sdkj@sdpress.com.cn	版次：2017年5月第1版　2017年5月第1次印刷
发行者：山东科学技术出版社	ISBN 978-7-5331-8697-5
地址：济南市玉函路16号	定价：42.00元
邮编：250002　电话：（0531）82098071	